Necesidades básicas

Arnhilda Badía

Melodía: Head, Shoulders, Knees, and Toes

Rourke Educational Media

rourkeeducationalmedia.com

 ,  ,  y 

Aire agua comida casa

 ,  ,  y 

necesitan los animales,

y tú y yo también.

 , ¿qué necesitas?

Hormiguita

 , ¿qué necesitas?

 ,  ,  y 

es lo que ella necesita.

Manatí

, ¿qué necesitas?

, ¿qué necesitas?

 ,  ,  y 

ésto es lo que él necesita.

 , ¿qué necesitas?

Elefante

 , ¿qué necesitas?

 ,  ,  y 

ésto es lo que él necesita.

 y , ¿qué necesitan?

Niños niñas

 y , ¿qué necesitan?

, ,  y .

Los niños y los animales
ésto es lo que necesitan.

Todos los animales tienen las mismas necesidades básicas.